科学探秘
培养儿童科学基础素养

U0156852

了解物质状态
固态、液态与气态

温会会 / 文　曾平 / 绘

浙江摄影出版社
全国百佳图书出版单位

从前，一个村庄里住着可爱的三兄弟。
有一天，他们的爷爷生了一场重病，奄奄一息。
三兄弟看着躺在病床上的爷爷，急得团团转！

2

一位医术高明的老中医告诉三兄弟："在山的另一边，有一座金色的城堡。城堡里有一种神奇的草药，可以医治你们爷爷的病。"

　　三兄弟一听，高兴地说："太好了，我们快去找草药！"

　　谁知，老中医轻轻地叹了口气，说："要想进入城堡，需要先通过三道关卡。每一道关卡都有守卫者，要通过可不容易啊！"

三兄弟握着拳头，坚定地说：
"为了治好爷爷的病，我们一定要
把草药找到！"
　　于是，三兄弟收拾好东西，第
二天天没亮就出发了。

翻越大山，三兄弟远远看见了金色的城堡。

在第一个关卡，他们遇见了一只凶猛的大黄狗。

大黄狗凶巴巴地说："要想从这里通过，就每人给我一种坚硬的东西，它必须有一定的形状，可以用手抓住。"

三兄弟点点头，急忙从各自的包里翻找合适的东西。

老大拿出了果汁，老二拿出了手表，老三拿出了魔方。

他们把这些东西交给大黄狗。

　　“我刚刚说的东西指的是固体。手表和魔方是固体，但果汁不符合！”说完，大黄狗仰起头，一口气把果汁喝完了。

　　就这样，老大留在了原地，老二和老三通过了第一道关卡。

在第二道关卡，老二和老三遇见了一只暴躁的黑狗。

黑狗不耐烦地说："要想从这里通过，每人必须给我一种东西，它必须没有固定的形状，也不能用手抓住。"

老二和老三点点头，从各自的包里翻找合适的东西。
老二拿出了鸭梨，老三拿出了牛奶。
他们把这些东西交给黑狗。

"我刚刚说的东西指的是液体。牛奶是液体，但鸭梨不符合！"说完，黑狗大口大口地啃起了鸭梨。

就这样，老二留在了原地，老三通过了第二道关卡。

在第三道关卡，老三遇见了一只温和的小白狗。

小白狗温柔地说："要想从这里通过，请给我一种东西，它必须看不见，没有固定的形状，也不能用手抓住。"

老三点点头，认真地从包里翻找合适的东西。
经过思考，他拿出了气球，用力吹起来。然后
拿到小白狗面前，解开气球结，放出了里面的气体。
"哇，好凉快！"小白狗享受地说。

"我刚刚说的东西指的是气体，气球里的气体是符合要求的！"说完，小白狗微笑着让老三通过了关卡。

　　终于，老三进入了金色的城堡。

在金色的城堡里，老三顺利地采到了那种神奇的草药。

三兄弟拿到草药，立刻飞奔回家。

然后，他们用草药治好了爷爷的病！

责任编辑　瞿昌林
责任校对　朱晓波
责任印制　汪立峰

项目设计　北视国

图书在版编目（CIP）数据

了解物质状态：固态、液态与气态 / 温会会文；
曾平绘 . —杭州：浙江摄影出版社，2022.8
（科学探秘·培养儿童科学基础素养）
ISBN 978-7-5514-4016-5

Ⅰ．①了… Ⅱ．①温… ②曾… Ⅲ．①物质—状态—
变化—儿童读物 Ⅳ．① O414.12-49

中国版本图书馆 CIP 数据核字（2022）第 112433 号

LIAOJIE WUZHI ZHUANGTAI: GUTAI YETAI YU QITAI

了解物质状态：固态、液态与气态
（科学探秘·培养儿童科学基础素养）

温会会 / 文　曾平 / 绘

全国百佳图书出版单位
浙江摄影出版社出版发行
　　　地址：杭州市体育场路 347 号
　　　邮编：310006
　　　电话：0571-85151082
　　　网址：www.photo.zjcb.com
制版：北京北视国文化传媒有限公司
印刷：唐山富达印务有限公司
开本：889mm×1194mm　1/16
印张：2
2022 年 8 月第 1 版　　2022 年 8 月第 1 次印刷
ISBN 978-7-5514-4016-5
定价：39.80 元